八百板　晃

音・光・引力の波動慣性

引力や重力の発生メカニズムは何か

東京図書出版

まえがき

　現代物理学は、長い年月をかけて築き上げられてきました。物理学は実証科学ですから、自然界でおきるさまざまな現象をうまく説明し、真実を明らかにしていくもので、理論と実験が交互に作用しあって進んでいきます。しかし、自然界で現れる現象は多岐にわたり、かつ奥が深いため、うまく説明できるものばかりではありません。そして、物理学の流れは、時代とともに発展成長して古典物理学から量子力学、素粒子物理学へと移り変わりました。ほかにも、目まぐるしいほどに次々と出現する最先端の物理学は枚挙にいとまがありません。しかし、これら近代物理学の根幹にあるものはうまでもなく古典物理学であって、古典物理学は今日でも物理学の重要な領域を形成していることに変わりはありません。

　このような長い歴史があり次世代へ向けた近代物理学であっても、いまだに科学的に矛盾をかかえたままで説明のつかない論理がそのまま通用する状態で一般的に定着している分野があります。また、現象論として有名な法則が成立していて、広く活用され多くの事例があるにもかかわらず、その発生の原因については、万物に共通の理論を使って説明できない分野があります。これらは永年にわたって残されたまま

になっている近代物理学の懸案であるともいえます。改めて指摘するまでもありませんが、前者は「光は波動であり粒子でもある」とする光の二面性であり、後者は「万有引力はどうして発生するのか」という引力発生の基本的な原理についてであり、科学的に矛盾するところなく説明された事例は双方ともにまだありません。

　光の二面性、すなわち光は波動であり粒子でもあるとして光が二律背反する2つの性質を同時にあわせ持つという理論は永久に成立することはないと思われます。また、物質と物質の間には万有引力が働くということは公知で誰でも知っています。どうして引力が発生するかについては、とくに極大の世界から極小の世界まで統一的に説明するとなると、なかなか説明できそうにありません。では、矛盾なく説明することが困難であり、具体的な立証実験が容易にはできない現象に出会ったとき、うまく乗り切るためにはどうしたらいいのでしょうか。画期的、革新的な発想が出ないかぎり、簡単に解決できるものではありません。進めども、進めども進むべき道が見えない、道に迷った状態と同じです。山道に迷ったら始めの地点までもときた道を引き返せという格言があります。物理学においてのもときた道は、改めていうまでもなく、古典物理の世界でしょう。なかなか解決の兆しの見えない「光の二面性」と「万有引力の発生」について考えるとき、もときた道、すなわち、古典物理の世界へ戻って見直し

てみるという道が残されているのかもしれません。

「光の二面性」と「万有引力の発生」は現代物理学のまだ解決されていない最も基本的かつ最前線の課題として位置づけられても不自然ではないでしょう。それぞれの課題をブレークスルーしていく過程で、一定の仮説に基づいた説明が必要となる部分が生じます。そして、それらの仮説は観測して確認できるものばかりではありません。実在するすべての現象は例外なく観測できるものとは限りません。その裏にある仕組みを一つでも多く明らかにし、不明・不確実性の幅を狭めていってはじめて、見えない部分の真の姿が浮かび上がってくる場合もあります。いまは単なる仮説であっても、筋道の立つ仮説は、先へ行って有効性が大きくふくらんで、重要な役割を担うことにつながるかもしれません。

　ところで、物理学の環境は年月の経過とともに大きく変化・進歩していくものということができます。しかし、長期にわたり解決手段がなく未開のまま放置されてきた分野は、これから先も、場合によっては数世紀にわたって未開のままつづく可能性があります。このへんで、いちど待ったをかけてみるのも一興ではないでしょうか。しかし、原子・電子という基礎的な性質から解明しようとする古典物理による理論の展開は、原子・電子の扱いがクラウドや確率論で考えられるようになっている昨今にあって、流行の流れに逆行する時代遅れの取り組みとのレッテルを貼られ、そしりを受けない

とも限りません。

　本著は、きた道、すなわち古典物理の世界へあえてもどって「光の二面性」と「万有引力の発生」について、深く掘り下げて見直すことになります。著者は、これまで音で音を打ち消す能動的な消音技術の開発に多角的に取り組んできました。いろいろな実験の結果でえられたすべての現象は、物理的な原理、原則に忠実にしたがうものばかりでした。音の伝播は空気を媒体要素とする波動の慣性力の伝播と考えなければなりません。光の伝播も磁力を媒体要素とする波動の慣性力の伝播です。引力の伝播も磁力を媒体要素とする波動の慣性力を介して生ずる力の伝播とみることができます。音の波動としての性状は、水面の波の波動も含めて、光の波動、引力の波動にも共通した性状を有するものとして扱うことができます。

八百板　晃

目 次

まえがき I

波

1 波との出会い 9

磁力

2 磁力の波 10

音

3 アクティブ消音 11

3.1 消すことのできる音 11

3.2 騒音拡散防止技術の変遷 13

3.3 難しくしている考え方 15

   3.3.1 デジタルの演算処理時間 15

   3.3.2 波動のベクトル 17

   3.3.3 音響インテンシティ 19

3.4 音波の直線振動 21

干渉

4 波動吸収 23

4.1 波動吸収の原理 23

4.2 多孔性音響材 24

4.3 反射板式消音管 25

消音

5 アクティブ消音制御 28

5.1 騒音対策の現況 29

5.2 騒音対策の技術課題 29

　5.2.1 三次元の空間 30

　5.2.2 デジタル信号処理 30

　5.2.3 アナログ信号処理 30

5.3 アクティブ消音システム 33

　5.3.1 三次元の消音 34

　5.3.2 アナログによる消音 37

5.4 フート・エリミネート・フィルタ 41

　5.4.1 遮断特性と独立性 42

　5.4.2 2組のフィルタ群 45

　5.4.3 補完関係 46

     5.4.4　高速追従回路 49

  5.5　ANC の実用化を目指して 50

     5.5.1　ANC 遮音壁 51

     5.5.2　遮音エアカーテン 54

光

6　光の二面性 61

  6.1　光の波動性と粒子性 62

  6.2　磁力の波の発生 63

  6.3　円運動の加速度と波動の慣性力 65

  6.4　波動の粒子性 67

  6.5　波動の独立性 68

  6.6　磁力の波面の不定性 68

  6.7　光電子放出 69

     6.7.1　軌道のひずみ 69

     6.7.2　電子放出 71

  6.8　光の波の伝播性状 72

引力

7　万有引力の発生 74

  7.1　原子間の引力 75

    7.1.1　電子の円運動と導体ループ 76

    7.1.2　正弦波状の磁力放出 77

    7.1.3　原子間の相互作用 78

  7.2　原子間の引力と斥力 82

  7.3　原子の慣性質量 83

  7.4　極大と極小の世界の引力 84

慣性力

  8　むすび 87

    参考文献 90

波

1 波との出会い

【環境関連産業/騒音拡散防止技術とのかかわり】

　波との深いかかわりを持つようになったのは今から30年ほど前のことです。バブルがはじけて間もないころで、世相は大きな変革が余儀なく求められて騒然とした時代でした。そうした中で、環境関連産業は21世紀へ向けて有望な産業であると、経済界をはじめ広く認識されるようになりました。環境関連問題としては、大気汚染、水質汚濁、騒音拡散などがあります。その中の1つ、騒音拡散防止技術について、音波の進行方向の明瞭な音はアクティブ消音することが可能ではないかと考えました。

磁力

2　磁力の波

【「光・引力ともに磁力の波の伝播」とみることへのこだわり】

　「光の二面性」と「万有引力の発生」を記述するにあたって、中心となる技術思想は磁力の波へのこだわりであったかと思います。波動干渉で騒音を打ち消すアクティブ消音の技術開発は、長期にわたったため、その間に蓄積された波動に関する知見は少なくはありません。また、その知見は、その後の磁力による波動を扱う上でも無理なく扱いうるように技術的思考を整え、発展させていく過程で欠かすことのできないものとなりました。

　「光の二面性」に関しては、光を伝播する媒体は磁力の波であり、光の粒子性は、磁力の波による波動の慣性力が刻み送り状に、間欠的に伝えられる運動であるとしました。

　また、「万有引力の発生」に関しては、物質が放射する磁力の波が、他の物質に照射されると、磁力の波の照射を受けた物質は磁力の波を受けた方向へ引かれる方向の力が発生するというものです。

3　アクティブ消音

【従来技術と異なる技術思想】

3.1　消すことのできる音

　音波の進行方向の明瞭な音の例を図3-1に示します。例えば高速道路の図を見てください。遮音壁の外部へもれる騒音が矢印で示されています。この矢印で示されている音について取り扱います。同じように、野外スタジアム、近隣騒音対策の工場敷地境界の防音壁、パーティションなどがあります。圧力損失を軽減し開口部からの騒音の漏れを防止する空調ダクト、排熱換気を必要とする防音パッケージについても矢印で示しています。これらの矢印で示した音は、回折音で、この回折音を消すことができるという技術です。いま消すといいましたが、音が完全に消えるものではありません。騒音が小さくなる、騒音が低減されるという言い方の方が正確な言い方かもしれませんが、この技術は、一般にアクティブ消音といわれていますので、ここでも消すという言い方を

高速道路

野外スタジアム（屋根開放型）

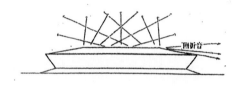

チラー（工場敷地境界）

パーティ
ション

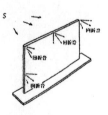

空調ダクト

防音
パッケージ

図3-1　回折音

しておくことにします。

　一般的に、三次元のアクティブ消音（ANC：Active Noise Control）は不可能といわれてきました。そうしたことから、この図の矢印で示される部分の音を消音するということは、おかしいと思われることでしょう。そこで、このアクティブ消音技術が、従来の技術とどこが違うのかを明確にして、その違う点を中心に話を進めていきます。

3.2　騒音拡散防止技術の変遷

　騒音の拡散防止技術としては、遮音または吸音の技術があります。騒音の拡散を防止する方法は、これらの遮音または吸音の技術を組み合わせて行うことになります。騒音の発生源を囲い、密閉してしまえば簡単でいいのですが、排熱する必要があったり、空気の吸排気が必要であったり、騒音源を密閉できない場合の方が圧倒的に多いわけです。従来から用いられている遮音、吸音による消音対策は、パッシブな、消極的な消音対策です。これに対して、音を音で打ち消してしまうという、アクティブな、つまり積極的な消音技術が時代の流れとともに考えられてきました。しかし、技術的に難しいところが多くてなかなか実現できませんでした。1980年代後半に入って、デジタル技術が急速に発達し、電子回路のチップ化が進みコストが安くなったこともあって、マイクロ

コンピュータはいろいろなところに使われるようになりました。コンピュータを使えば大抵のことは解決できるという考え方がありました。コンピュータで処理することによって、いままで解決できなかった音で音を消すというアクティブ消音も、実用化できるのではないかといった期待感から、各方面で活発な研究開発が進められました。そして、実用レベルに達するものもできました。たとえば、デジタル技術を駆使した空調ダクトの消音装置や、乗用自動車の車室内のエンジンこもり音を低減する装置、電気冷蔵庫のモータ音を低減する装置などがあります。

このように実用化レベルに達したものもありましたが、その陰ではこれら実用化されたものの数十倍もの研究開発が進められていたものと思われます。しかし研究開発に力を注げば注ぐほど、多くの難題が立ちはだかりました。また高い性能を求めれば求めるほど、装置の制御内容が煩雑になることなどから、この技術が広く実用化されるレベルに達することは、現在および近い将来においても難しいのではないかと考えられるようになりました。その結果、大多数のところは限界を感じて撤退するか、研究開発を中断せざるをえないような状態になりました。したがって現在では、アクティブ消音技術というと一般には懐疑的な目で見られるようになっています。

3.3 難しくしている考え方

　制御内容があまりにも複雑すぎる従来技術の技術思想について、よく考えてから取りかからなければならないところがあります。これら注意しなければならない諸問題の3点について説明します。

3.3.1 デジタルの演算処理時間

　まずデジタル技術への過信があると思います。最近ではアナログというと古い技術だといった風潮があり、すべてがデジタル化の方向に向かっています。デジタルは信頼性が高く高度な処理ができます。計算機で3×3＝9はリアルタイムで答えが出てきます。しかし、このリアルタイムは人間の感覚でのリアルタイムであって、物理的には微小ではありますが演算時間がかかっています。またオーディオの世界では30 msec以下の短い時間の音は、人間には識別できないともいわれています。一方、音波を物理的に扱わなければならないアクティブ消音では、これらの微小時間が大きな問題となります（図3-2）。

　一般にデジタルによる応答時間は2 msec以上、つまり、1000分の2秒以上かかります。高度の演算になればなるほど時間がかかります。場合によっては1秒以上、数秒かかることさえあります。音の速さは1秒間に340 m進みます。

図3-2　演算処理時間と音速

1000分の2秒かかるということは、その間に音は680mm進みます。したがって騒音をマイクロホンで検知して、その音と逆の音をスピーカから出してそれぞれの音を打ち消すとき、たとえば送風ダクトを例にとると、マイクロホンとスピーカの距離は680mm以上必要となります。実験で分かったことですが、音と音を干渉させて打ち消すためには、位相の狂いが±10°以内でなければなりません。また多数の異なる周波数が含まれる場合には、音が680mm進む間に周波数に対応する位相回転の度合いはそれぞれ全く違ったものになってしまいます。さらに流速の変化や温度の変化によって生ずる誤差をそのつど補正しなくてはならないということになると、それは容易なことではありません。このようにいろいろな要因が原因となって、従来のデジタルによるアクティブ消音は、演算処理の比較的やりやすい低い周波数の音で周期性のある音が主に取り扱われるようになっています。

3.3.2　波動のベクトル

　従来技術の大多数は、音を音で打ち消すときの音波の扱い
を疎密波として扱っています。伝播する音の疎密に対して、
密疎となる逆の音を当てて干渉させて音を低減させようとす
るものです。分かりやすくするために、水面上の波面で見て
みます。水面の上方2カ所から同時に石を落としたとしま
す。双方の石による波紋はそれぞれリング状に広がり、山と
山が重なるところは山が高くなり、谷と谷が重なるところは
谷が深くなります。山と谷が重なるところは波の高低が打ち
消されて水面の高低が現れません。波の重なるところ、すな
わち干渉点を通り過ぎた波はその先へ行って何もなかったか
のように、また波となって現れ進んでいきます。2つの波面
は波としてのエネルギーはなくなっていません（図3-3）。

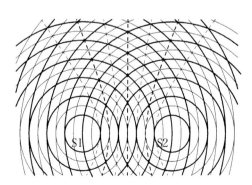

図3-3　山と谷が交互に進む2つのリング状
　　　　の波

一次元的にダクト内を進む音波に対して、側面のスピーカから疎密の逆の音を当てたとします（図3-4(a)）。水面の波で説明したときと同じように、音の波のエネルギーはなくなりません。スピーカより後方に置かれた評価用のエラーマイクの位置で、干渉された音波が消えたようになっているだけで、波動としてのエネルギーはなくなっていません。その先へいってまた音波となって現れても不思議ではありません。波長が長くなれば、この消えたような現象になるエリアは広くなりますが、エネルギーがなくなっていないことには変わりありません。これは音波の干渉をスカラーで扱っているからです。音波は波動ですからベクトルで扱わなければなりません。ベクトルの向きを合わせて疎密の逆の音波で干渉させると、今度は、音波は波動として進めなくなります（図3-4(b)）。

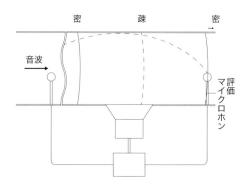

図3-4(a)　疎密波（スカラー）の消音

図3-4⒝　波動（ベクトル）の消音

3.3.3　音響インテンシティ

　音の伝播の状態を示す測定法に音響インテンシティがあります。この測定方法は音響学会や専門書などでも広く用いられている測定法です。いまでは音場での音の伝播の状態を議論するときには、この音響インテンシティによる測定方法で表示されていないと、専門家の間では評価されない向きもあるようです。空間の音の伝播の状態を細かな矢印をちりばめて表示されます（図3-5）。音の伝播する方向とその強さをベクトルで表示するもので、単位面積を、単位時間に通過する音のエネルギーを測定して表します。

　この測定法によると、騒音を遮へいするために建てられた遮音壁の近くに達した騒音は、遮音壁をはい上がるようにして上方に進み、上端エッジを乗り越えて遮音壁の裏側へ回り込み、上方から下方へ向けて騒音が進み、やがて地表をはう

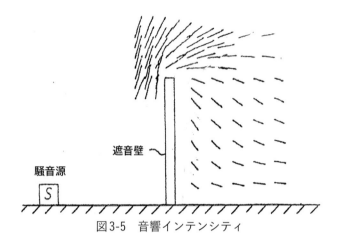

図3-5　音響インテンシティ

ようにして遮音壁から遠ざかる方向へ進んでいくようなベクトルの表示になっています。このように可視化された表示は、実は、音の伝播する方向とその強さを示す本当の姿ではありません。

　騒音源から出た音は、騒音源から放射状に弾丸が打ち出されたときと同じようにして進みます。壁面で遮られた弾丸は入射角と同じ角度で反射して向きを変えて進みます。壁面近くを上方に向けて進む弾丸はありません。騒音源から壁面上端に向けて発射されて直進する弾丸と、壁面にいったん当たって反射して向きを変えて直進する弾丸がタイミングよくちょうど一点で合わされたときのそれぞれのベクトルを合成すると、先ほどの音響インテンシティによって示された上向

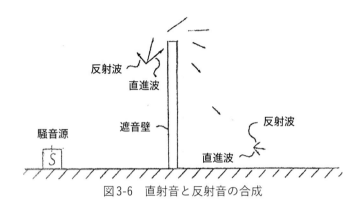

図3-6　直射音と反射音の合成

きのベクトルと一致します（図3-6）。つまり実際には、波動としての音波で上向きに進行するものはないということになります。

3.4 音波の直線振動

アクティブ消音に関して、あれこれと試行錯誤を重ねた結果、学んだことは、次のようなものでした。空中を拡散する騒音を、騒音と逆位相の音をスピーカから出して、干渉させて打ち消すためには、音の伝播を単なる疎密波として扱うだけではうまくいきません。水波の伝播運動の場合、媒体となる水の実質部は円運動で、進行の方向性を考えた横波として

扱います。同様に、騒音の場合は、音の伝播運動の媒体をになう空気分子の実質部は、音波の進行する方向に直線振動をする縦波として扱います（図3-7）。音波の進行方向につらなる空気分子の振動は、遠いところの振動ほど位相が遅れます。このように音の伝播媒質の1点を中心にして往復するような直線振動をする騒音を波動干渉で打ち消すためには、まずは振動の伝播の方向性を考慮しなければなりません。すなわち騒音と同じ方向性のある直線振動をする音波で、騒音に対して逆位相関係かつ振動の大きさが等しい大きさの音波が必要となります。

横波 →

縦波 →

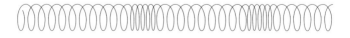

図3-7　横波と縦波

干渉

4　波動吸収

【正と負の波動慣性力の対消滅】

4.1　波動吸収の原理

一般的に、波動伝播、すなわち波動の慣性力の伝播は、干渉作用によって波動吸収されてエネルギーを消失します。理想的な波動干渉によるエネルギーの打ち消しは、互いに同振幅・逆位相関係にある２つの波が、同一方向に伝播し、双方の波の干渉作用によりキャンセリングしあうものです。たとえば、２つの水面の波の円運動が同一と見なせるポイントから同一の条件で、互いに逆位相関係の水面の波をそれぞれ一次波および二次波として同時に放出したとします。逆位相関係で同一の方向へ進む２つの水面の波が重ね合わされると、双方の波動の慣性力は互いに打ち消し合う関係となり、波動の伝播エネルギーは瞬時かつ完全に消失します（図4-1）。

波動吸収は、２つの波の伝播媒体の運動の向きが同一方向かつ逆位相関係で、互いに釣りあう関係にある波を重ね合わ

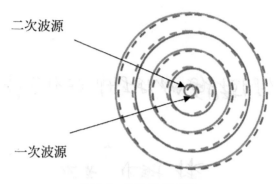

図4-1　波動吸収原理

せて干渉させると、双方の波のエネルギーは正と負の慣性力が相殺される対消滅的な相互作用で相手方のエネルギーを吸収します。2つの波は双方ともに等量のエネルギーが消耗、消散されます。いったん消失した波のエネルギーは再び出ることはありません。

4.2　多孔性音響材

　開放空間へ放射され一定の方向へ拡散する騒音に対して、騒音と同音圧かつ逆波形の音を騒音の拡散方向と一致する方向へ、騒音の伝播タイミングに合わせて放出して重ね合わせると、それぞれ双方の音の波動エネルギーは瞬時かつ劇的に低減されます。

　同様に、多孔性音響材が充填された容器の中へ導入された

音波は、多孔性を構成する音響材の各所で反射・散乱をくり返し、そのたびごとに伝播の方向性がランダムな音波に変換されます（図4-2）。伝播の方向性のランダムな音波を一定の容器内に閉じ込めておくと、同一のポイントから同一周波数かつ逆位相関係の音波が、確率的な頻度では

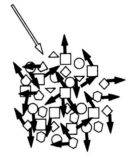

図4-2　多孔性音響材

あっても同時に放出されると考えられることから、そのタイミングごとに波動吸収されます。このように、多孔性音響材の充塡された一定の容器内に滞留する音波は干渉作用によって波動吸収されるポイントが無限箇所に及ぶものとなり、高い吸音性を示すこととなります。これが多孔性音響材の干渉吸音の原理です。

4.3　反射板式消音管

　管路を伝播する騒音の波面が均一に一次元的に伝播する音波として扱えるものとします。管路に沿って直進する騒音を２つのグループに分けます。管路に沿って直進する騒音のルートと、反射板で進路を遮り迂回させる騒音のルートとに分割します。反射板で進路を遮り反射させた騒音は、さらに別の反射板でもう一度反射させて、もとの直進する騒音の進

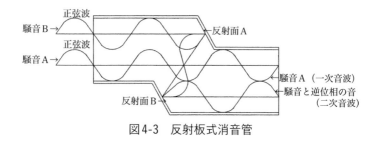

図4-3　反射板式消音管

行方向へふたたび戻されるルートを進む音波となるように、2つの反射板の位置と向きを設定します（図4-3）。このとき、直進伝播する音波と進路を迂回させることによって生ずる伝播距離の差を、騒音の中に含まれる卓越する周波数音など、消音対象としたい音の周波数の1/2波長となるように設定します。半波長遅れた音波は逆位相となります。管路に沿って直進する騒音と管路を迂回する消音対象の音波をふたたび同一の管路内に導入します。双方の音波は同一の方向へ並列に同振幅・逆位相関係で同期進行する関係となります。管路内には無数の干渉作用点が設けられた場合と等価となり、消音対象の音波の波動吸収原理が成立することになります。

　管路を通過する気流内に特定の卓越周波数の騒音が含まれているとき、気流の圧力損失が大きくならないようにして管路内の騒音だけを低減する手段として有効です。反射板を利用して、打ち消し音側の進路を迂回させて1/2波長分だけ

拡張できる構造を付加するだけで打ち消し音を作成し、消音対象の騒音を効率よく低減します。

消音

5　アクティブ消音制御
【干渉消音に必要となる技術課題】

　騒音の拡散を防止するアクティブ消音の技術について、音源から放射される騒音のうち遮音壁先端を回折して遮音壁で影となる裏側へ回り込む騒音を回折音として扱います。また、空中のスポットエリアを一定の方向へ通過する騒音を直進音として扱います。回折音と直進音に対して、それぞれ干渉による低減効果の十分に得られる位置に騒音を打ち消すためのスピーカを設置して、騒音と逆位相、同音圧の音波を放射します。音波の干渉作用によって騒音の波動エネルギーを効率よく低減するために、アナログ方式による超高速追従アクティブ消音スピーカシステムとします。音波を波動として、かつ処理回路を応答性の良好なアナログ回路として物理的に厳密に扱い、三次元の空間の騒音を低減します。

5.1　騒音対策の現況

　交通機関の高速化にともない、高速鉄道や高速道路などから発生する騒音は、周辺の地域住民にとっては深刻な問題となっています。その他各種の騒音問題は、産業公害による騒音問題も含めて、重大な社会問題となることもあります。また、車や航空機等の利便性の向上によってもたらされた騒音による環境破壊は、広域化される一方で、なかなか歯止めがかかりません。道路の周辺を遮音壁で囲い、住宅の窓を二重窓にするなど、徐々に改善されてきてはいますが限界でもあり、抜本的な手法の出現が強く望まれています。

5.2　騒音対策の技術課題

　アクティブ消音システムは、騒音源から放射された音をマイクロホンで捕らえて、反騒音をスピーカから出して元の音を物理的に打ち消す装置です。特定の単一周波数や波長の長い周期性の一次元的に伝播する音については制御しやすいといえます。三次元の空間へ放射された音で、波長の短い音や、帯域幅の広い周波数の音、特に単発的なランダムな騒音を打ち消す場合は、解決しなければならない問題や不明な点などがいろいろあります。

5.2.1　三次元の空間

1）三次元の広い空間での実用事例はまだない。

2）騒音と逆相のスピーカ音との干渉で、逆に騒音が強調されるエリアが生じないか。

3）ダクトや室内など一定の空間の場合と、制御方式は根本的に異なるのではないか。

4）制御方式が煩雑となり、実用性を考慮すると、費用対効果が見合うのだろうか。

5）隣り合うスピーカとスピーカの干渉で、消音できず逆に大きくなることはないか。

5.2.2　デジタル信号処理

1）騒音の性質や伝達特性の適応性を高めるため、適応フィルタを用いる必要がある。

2）適応性、堅牢性が向上するため、実用に供する上で極めて有効なシステムとなる。

3）デジタルフィルタの係数更新には、数秒程度の処理時間が必要となる場合もある。

4）過渡現象の連続となる自然音への応用は、応答時間が基本的なネックとなる。

5.2.3　アナログ信号処理

1）アナログでは、高度な処理能力に限界があり、時流の

デジタル化傾向に逆行する。

2）音波の進む距離によって、入出力間の位相回転の状態
  は異なる（図5-1）。
  距離が一定でも周波数が異なると、位相回転の度合い
  はまったく異なる（図5-2）。

3）周波数が高くなると、入力に対するスピーカ出力の位
  相遅れは大となる（図5-3）。

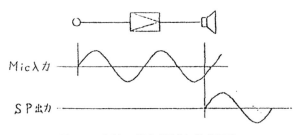

図5-1　音波の進む距離と位相回転

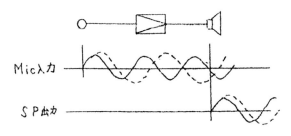

図5-2　音波の周波数と位相回転

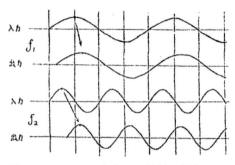

図5-3　スピーカ出力の周波数・位相遅れ

4）スピーカは、出力特性、位相特性ともに広い周波数帯
　域にわたって平坦な特性ではない（図5-4）。

5）多数重ねたフィルタの振幅・位相特性は、各フィルタ
　の総和となる（図5-5）。

6）フィルタはQ（共振の尖鋭度）の大きさに対応して応
　答の過渡歪みが大きくなる（図5-6）。

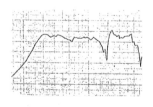 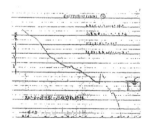

図5-4　スピーカの出力・位相特性

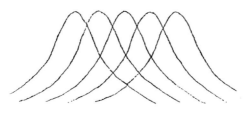

図5-5 フィルタの出力・位相特性は各フィルタの総和

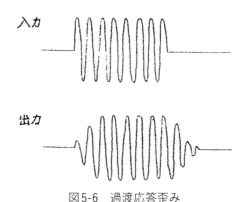

図5-6 過渡応答歪み

5.3 アクティブ消音システム

　室内などの空間を伝播する騒音の波動の伝播性状は、反射、干渉などの諸条件によって一様なものとはなりません。波動の干渉の原理を用いるアクティブ消音の原理は、音波の

33

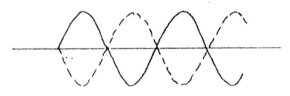

図5-7　逆相関係の音波

波動としての伝播性状が特定されたものでないと扱いにくいので、以下、伝播性状の特定された音波に限定して考察するものとします。

　たとえば、筒状の空間を考えて、筒状の空間に沿って一定の方向へ進む騒音があるとします。この騒音の音波に対して、波長と振幅がまったく同じで、波面が逆相関係の音波を同期させて同一方向へ向けてスピーカから放射します。双方の音波は、音波の干渉作用によって音波の伝播を継続できなくなり、騒音の波動としての伝播は阻止されます（図5-7）。

5.3.1　三次元の消音

1）音波の波面の広がりの動作原理は、「ホイヘンスの原理[1]」に基づいて成り立っているものとして取り扱います。音源から発した音波の波面は、伝播の過程で障害物にあたると、障害物のエッジ部を新たな音源として、つまり、素元波の発生源として、そこから新たな波面を形成し、回折波として障害物の裏側へ回り込みま

波面の広がりを示す立面図　　　波面の広がりを示す平面図

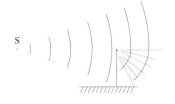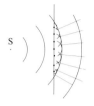

図5-8　ホイヘンスの原理

　　す。この障害物を遮音壁とすることによって、遮音壁
　　の裏側へ回り込む「音」のエリアを特定し、アクティ
　　ブ消音のための三次元の空間を設定します（図5-8）。
2）遮音壁の先端エッジ部の素元波の発生源の近くから、
　　波長と振幅がまったく同じで、波面が回折波と逆相関
　　係で同期する音波を、回折波の拡散方向と同一方向に
　　向けてスピーカから放出します。双方の音波は、干渉
　　作用によって打ち消し合う関係となり、遮音壁の裏
　　側へ回り込む音波の伝播は阻止されます（図5-9）。ま
　　た、空中を伝播する直進音の消音も同様であり、別途
　　「（5.5.2）遮音エアカーテン」に記します。
3）回折音抑制スピーカは、各スピーカの遮音壁先端エッ
　　ジ部に沿って設けられた音波放射口の長径をスピーカ
　　が放射する音波の最大周波数の1/2波長を超えない
　　大きさとします。いま、それぞれのスピーカに同一の

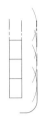

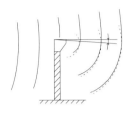

図5-9
回折音打ち消し
用スピーカ

図5-10
スピーカ開口
の長径

図5-11
スピーカ開口の短径

信号が加えられたとします。各スピーカ音の放射面を連ねた面に対向し、この面との距離が一定の距離にある面内の各点では、それぞれ位相と音圧にむらのない安定した性状の波面が得られます（図5-10）。

また、スピーカの音波放射口の短径をスピーカによって放射される音波の最大周波の約1/20波長を超えない大きさとします。回折音の素元波の発生源となるエッジと、回折音抑制スピーカの音波放射口の短径の中心線との位置の違いを、音波干渉における許容範囲内に抑えることができます。これは、回折音とスピーカ音との音波干渉の位相誤差を無視できる程度（±10°以内）とすることができます（図5-11）。

4）開放された空間を回折波として伝播する音波は、波動のベクトルが一定の法則にしたがった方向を向いてい

るので、音波干渉による消音のやりやすい音波といえ
ます。障害物のエッジ部を新たな音源のようにして、
波面が円筒状に 2 次元的に拡散する空間は、回折波が
伝播するエリアとして音波の伝播性状の明確な空間と
なります。この空間をアクティブ消音のための空間と考
えると、開放された 3 次元の大きな空間へ拡散しようと
する騒音を効率よく低減することが可能となります。

[1] Christian Huygens (1629-1695)

5.3.2　アナログによる消音

1 ）アクティブ消音システムのアナログ処理の利点は、超
高速追従による消音処理機能の向上、装置の低価格化
などがあります。

2 ）一定方向へ伝播する騒音の音波をとらえるセンサマイ
クロホンと、逆位相、同音圧の音波を放射する消音ス
ピーカを同一のポイントに間隔を 0 として設置するこ
とは、物理的にできません。

そこで、前方から伝播されて進んできた音波を、放物
面の一部を用いて音波のエネルギーを高めて焦点に集
めて、ひずみの少ない良質な信号として集音マイクロ
ホンに集音します。集音マイクロホンで集音された音
波は、逆位相の音波を放射する消音スピーカによって
位相が180°回転されて放音されます（図5-12）。

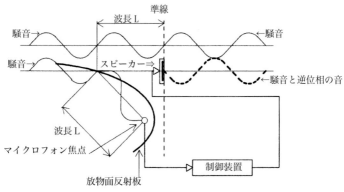

図5-12　集音マイクロホンと消音スピーカの位置関係

前方から伝播されて進行する音波のうち、音波反射鏡で進行を遮られずに直進する音波と、音波反射鏡で進行が遮られ信号処理されて消音スピーカより放射された逆相の音波とは、双方の伝播媒体となる空気中を伝わる距離が等しくなる関係にします。この伝播距離を同じ距離に合わせて消音スピーカより放射された逆相の音波を、音波反射鏡によって進行を遮られることなく直進した音波の伝播タイミングに合わせて再び合流させます。逆相関係にある音波が干渉し合うことになって、前方から伝播されて進行する音波の波動エネルギーは合流点近傍で大きく低減されます。

3）電力増幅器から出力される信号がスピーカに加えられ、スピーカによって空中に音波が出力されるとき、

入力された信号よりも出力される音波のほうが、周波
数が高くなるにしたがって位相遅れの割合が大きく
なって出力されます。

したがって、帯域幅のある周波数の音を扱う場合、元
の音波と逆相関係の音波をスピーカから出し、元の音
波と干渉させることによって双方の音波の波動エネル
ギーを効率よく消耗させるためには、増幅器からの出
力信号に補正を加えておかなければなりません。位相
調整装置を設けて周波数が高くなるにしたがって、ス
ピーカの特性に合わせて位相進みの割合が増大するよ
うにします。双方の音波の干渉点で振幅と位相回転の
誤差が大きく出ないように工夫する必要があります。

4）広い周波数帯域の特性をキメ細かにコントロールする
ことのできるグラフィック・イコライザは、周波数に
対する振幅特性の補正を目的とする場合に用いられる
もので、位相特性の補正をすることはできません。全
帯域の振幅特性が平坦となるように調整されたイコラ
イザの位相特性は、全帯域の中央の周波数を境にして、
中央の周波数で入出力は同相となり、中央の周波数よ
り低い帯域では、周波数が低くなればなるほど、入力
信号に対する出力信号の位相は漸次進み、中央の周波
数より高い帯域では、周波数が高くなればなるほど、
入力信号に対する出力信号の位相は漸次遅れる関係と

なります（図5-13）。また、イコライザを構成する各バンド・パス・フィルタの遮断特性を急峻なものとすればするほど、中央の周波数を境とする位相進みおよび位相遅れの傾斜の割合は大きくなります（図5-14）。

5）一般的に、イコライザを構成する各バンド・パス・フィルタには位相を調整する機能はありません。そこで、細かに切り分けられた1つひとつのバンド・パス・フィルタに、進相または遅相をするための位相補

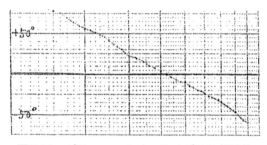

図5-13　グラフィックイコライザの位相特性

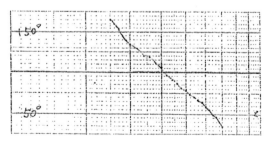

図5-14　遮断特性の急峻なイコライザの位相特性

正回路を付加して、それぞれ個々のフィルタに振幅と位相の調整が可能となるようにします。

この振幅と位相の調整が可能なイコライザを用いて、任意のバンド・パス・フィルタの1つを選んで、振幅と位相の調整器を操作するなど、必要に応じた変化をあたえたとします。イコライザを構成する他のバンド・パス・フィルタ、特に隣接するフィルタの制御特性は、大小さまざまな影響を受けます。この影響を受けたフィルタの制御特性を、更に修正しようとすると、また他のフィルタに影響を及ぼすことになります。つまり、調整作業はモグラたたきのようなものになって、作業をつづけること自体がおぼつかないものとなります。

5.4 フート・エリミネート・フィルタ

多数のフィルタが並列に接続された回路によって構成されるフィルタアレイの場合、1つひとつのフィルタの山形の波形のすそ部分は、なだらかな傾斜が遠方までつづくため、多数のすそ部分が互いにオーバラップする関係となります。信号が入力されたときの出力は、入力された信号に対してオーバラップするすべてのフィルタの出力が加算された総和として出力されます。そこで、1つひとつのフィルタを

遮断特性の鋭いフィルタに置きかえたとします。遮断特性は次数を大きくすればするほど、あるいはQを大きくすればするほど急峻になります。しかし、1つひとつのフィルタの信号の通過帯域が狭くなるばかりでなく、信号が加えられたときの立ち上がり立ち下りなどの応答速度が遅くなります。また、フィルタアレイ全体としての位相傾斜は傾斜角が大きくなります。

フート・エリミネート・フィルタによって組み合わされたアレイは、1つひとつのフィルタの通過帯域を狭めることなく減衰特性を急峻にすることができます。多数のフィルタを用いても、広い周波数帯域にわたって振幅と位相の良好な調整が可能であり、振幅特性と位相特性の双方ともに平坦で安定した特性を得ることができます（図5-19参照）。

5.4.1 遮断特性と独立性

1）低い周波数側から順に周波数 f_L, f_0, f_H とし、f_L と f_H は f_0 の近傍であるとするとき、f_L, f_0, f_H を中心周波数とする第1、第2および第3バンド・パス・フィルタ回路とします。第1、第3バンド・パス・フィルタにそれぞれレベル調整器と位相調整器を付加して、第1および第3バンド・パス・フィルタの f_L および f_H の振幅と位相の特性を、それぞれ第2バンド・パス・フィルタの f_L および f_H の振幅と位相特性に合わせます。

そして、第2バンド・パス・フィルタの出力から、第1、第3バンド・パス・フィルタの出力をそれぞれ差し引くと、f_L および f_H の位置で第2バンド・パス・フィルタの出力をキャンセルすることができます。第1、第2および第3バンド・パス・フィルタで構成されるフート・エリミネート・フィルタ回路は、周波数 f_L および f_H で挟まれた内側の出力レベルは大きく、通過帯域を狭めることなく、f_L および f_H 近傍での遮断特性を急峻とすることができます（図5-15）。

2）第2フィルタ回路の出力特性は、中心周波数 f_0 で放物線の山形の頂点となり、放物線の山形頂点の両側、周波数 f_L および f_H の近傍が削りとられた形状となります。第2フィルタ回路の位相特性は、f_L で最大180°進み、f_0 で入出力は同相となり、f_H で最大180°遅れます。各部の定数を適宜に設定することによって $f_L \sim f_0 \sim f_H$ 間の変化がほぼ一定の直線の傾斜とすることができます（図5-16）。つまり、周波数 f_L および f_H の近傍で減衰特性を急峻とすることができます。したがって、第1、第2および第3バンド・パス・フィルタの3点セットで構成されるフィルタの第2フィルタは、隣接する第1および第3バンド・パス・フィルタの影響をほとんど受けることのない独立性の高いフィルタとなります。

第2バンド・パス
・フィルタ出力

第1バンド・パス
・フィルタ出力

第3バンド・パス
・フィルタ出力

f_L　f_O　f_H

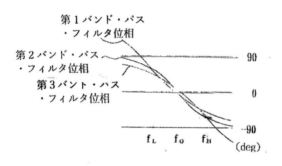

第1バンド・パス
・フィルタ位相

第2バンド・パス
・フィルタ位相

第3バント・パス
・フィルタ位相

90

0

-90

f_L　f_O　f_H　(deg)

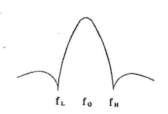

f_L　f_O　f_H

図5-15　フート・エリミネート・フィルタの出力特性

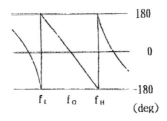

図5-16 フート・エリミネー
ト・フィルタの位
相特性

5.4.2 2組のフィルタ群

　任意の周波数帯域をそれぞれ分担する通過域ごとに分割
する第（1, 2, ……, 8）バンド・パス・フィルタ回路を、
低い周波数側から交互に、第（1, 3, 5, 7）バンド・パ
ス・フィルタ回路の第1フィルタ群と、第（2, 4, 6, 8）
バンド・パス・フィルタ回路の第2フィルタ群に分けます。
第1フィルタ群の第（1, 3, 5）バンド・パス・フィルタ回
路は、低い周波数側から順に中心周波数 f_L, f_0, f_H とし、f_L と
f_H は f_0 の近傍であるとして、f_L, f_0, f_H を中心周波数とする3
点セットで構成されるバンド・パス・フィルタ回路としま
す。3点セットで構成されるフィルタの中央の第3バンド・
パス・フィルタ回路の特性は、隣接する第1および第5バン
ド・パス・フィルタ回路の影響をほとんど受けることのない
独立性の高い調整機能のあるフィルタとなります。

第1フィルタ群の第（3,5,7）バンド・パス・フィルタ
回路による第5バンド・パス・フィルタ回路の出力について
も第（1,3,5）バンド・パス・フィルタ回路の場合と同様
であり、第2フィルタ群についてもそれぞれ同様です。

5.4.3　補完関係

1）中心周波数 f_n のバンド・パス・フィルタと中心周波
　　数 f_{n+2} のバンド・パス・フィルタが並列に接続された
　　ときの出力は、f_n と f_{n+2} の中間の交点を f_c とし、前者
　　と後者の f_c での出力レベルが等しいとします。前者
　　の f_c における位相は90°遅れ、後者の f_c における位
　　相は90°進むことから、前者と後者の位相差は180°と
　　なります（図5-17）。前者と後者の交点 f_c での出力
　　は、逆相関係で双方が加算されたことになるため、0
　　となり出力はありません。

　　したがって、補完関係のある第1フィルタ群と第2

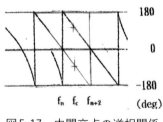

図5-17　中間交点の逆相関係

フィルタ群が加え合わされたときの各部の関係は、第
1フィルタ群の中心周波数 f_n のバンド・パス・フィル
タと中心周波数 f_{n+2} のバンド・パス・フィルタとの交
点 f_c に第2フィルタ群の中心周波数 f_{n+1} のバンド・パ
ス・フィルタが挿入されたときと同じ関係になります。
第1フィルタ群と第2フィルタ群を加算するときの
フィルタ間の関係は、それぞれ相互干渉によって生ず
る出力特性の劣化を防止し、良好な出力が得られます。

2）第1フィルタ群の第3バンド・パス・フィルタ回路
f_3 の出力と第5バンド・パス・フィルタ回路 f_5 の出
力が加算されたときの振幅と位相の出力特性は、図
5-18(A)(B)で示す通りです。第1フィルタ群の第3、
第5バンド・パス・フィルタ回路 f_3 と f_5 のフート・エ
リミネート化された出力が並列に重ね合わされたとき
の中間 f_4 の位置での出力は0で、位相差もない関係と
なります。第2フィルタ群の第4バンド・パス・フィ
ルタ回路 f_4 の出力と第6バンド・パス・フィルタ回
路 f_6 の出力が加算されたときの振幅と位相の出力特性
は、図5-18(C)(D)で示します。

3）第1フィルタ群と第2フィルタ群は、それぞれ補完関
係があります。第1フィルタ群の第3バンド・パス・
フィルタ回路 f_3 と第5バンド・パス・フィルタ回路 f_5
の出力が合わされたときの出力と、第2フィルタ群の

（A）

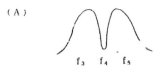

f_3　f_4　f_5

（B）

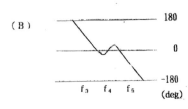

f_3　f_4　f_5　（deg）

（C）

f_4　f_5　f_6

（D）

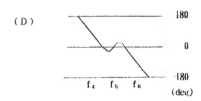

f_4　f_5　f_6　（deg）

図5-18　フィルタ間の振幅・位相特性

(A) + (C)

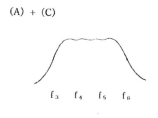

(B) + (D)

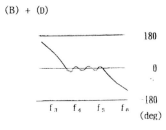

図5-19 振幅・位相波状特性

第4バンド・パス・フィルタ回路 f_4 と第6バンド・パス・フィルタ回路 f_6 の出力が合わされたときの出力を加算すると、それぞれ相手側からの影響を大きく受けることのない、振幅と位相ともに平坦性のある安定した出力特性が得られます（図5-19）。

5.4.4 高速追従回路

通過する信号の周波数帯域を制限するために用いられる同調増幅器の入力信号に対する出力信号は、ある定常状態から新しい定常状態に落ち着くまでには、所定の時間がかかりま

す。同調増幅器の遮断特性が大きくなると、位相傾斜も大きくなり、入力信号に対する出力信号の応答時間も大きくなります。したがって、入力信号に振幅や周波数の激しく変化する信号が加えられると、入力信号に対して出力信号が正しく追従できなくなります。

　第1フィルタ群と第2フィルタ群を合わせて互いに補完関係のあるフート・エリミネート・フィルタ回路は、広い周波数帯域にわたって振幅と位相の平坦な特性を得ることができるため、信号の入出力間の追従性に優れ、速い応答特性のある同調増幅器となります。

5.5　ANCの実用化を目指して

　これまでは、アクティブ消音システムの基本的な課題を中心に説明してきました。ここで、実際に行ってきたANCに関する各種の実験や経過、また、それらの社会的反響などについて、順を追って説明します。そして、実験で明らかになった結果や現象を基にして、ANCの開発途上で得られた手段や手法の実効性を見極めるとともに、技術的にさらに発展させていくための新たな手掛かりとなるところはないか、などを探ります。

5.5.1 ANC 遮音壁

1） ANC スピーカシステムの基礎的な実験を、音響機器を扱う民間企業と共同で行いました。ANC 遮音壁は、一般道路、高速道路、鉄道沿線、建設工事現場、工場敷地境界、サッカー競技場、空調ダクトなどへの需要が考えられます。ANC は電気的な制御とスピーカ出力間の応答速度が性能を大きく左右します。そこで、電子回路は、入力と出力間に処理時間を必要としない瞬時性のあるアナログ方式を採用しています。

2） 交通騒音の低減化対策は、環境問題として都行政の最重要課題の 1 つでもあります。東京都環境科学研究所との共同研究です。背の低い防音壁を念頭に実験しました。無響室では、評価用の騒音源としてホワイトノイズと自家用発電機のエンジン音で実験し、さらに、屋外にブロック塀を設置して、マフラーを外したバイクのエンジン音で実験しました（図5-20(a)(b)）。

図5-20(a) 系統図

図5-20(b)　ANC遮音壁

3）マスコミ報道
- NHK教育テレビ『高校講座「物理」』音を音で消す原理の説明と実験（無響室）
- NHK科学番組『サイエンスアイ』実験と解説（無響室）
- NHK首都圏ネットワーク「騒音を減らせ」（バイク実音源による屋外での実験）

4）第11回中小企業優秀新技術・新製品賞優秀賞「ANC遮音壁」

5）遮音壁アクティブ消音スピーカシステムの実用化へ向けて、民間企業との共同研究です。三次元の大空間へ拡散する騒音の低減効果を確認するための本格的な実験です。制御用の電子回路は汎用性を考慮してコンパ

クトにまとめました。実験は実用実機に見合うスケールで実施することが望ましいため、野外グランドに設定された大規模の試験装置（図5-21〈騒音発生側〉〈騒音低減側〉）です。騒音源にホワイトノイズを使って、回折音の低減効果は13dB です（図5-22）。

騒音発生側　　　　　　　　　　　　騒音低減側

図5-21　ANC 大規模実験装置

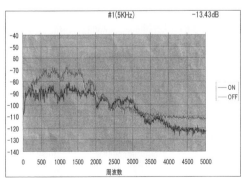

図5-22　消音データ

5.5.2 遮音エアカーテン

1）移動する騒音源側に ANC を適応した例です。鉄道車両上に搭載する ANC 装置の理論的、実験的に行った多角的な研究で、東京工業大学との共同研究です。車体側面の下部に車輪を覆うように下ろしたスカート状の防音カバー（図5-23）の下部から広い外部空間へ放出される騒音のアクティブ消音制御システムに関します。ANC 装置は防音カバーの内側にレールに沿って配置します。車輪とレールから発生する転動音や継目衝撃音などの防音カバーの下部から直進して外部へ放射される騒音に対して、騒音を打ち消すためのスピーカ音を騒音の伝播方向と同一の方向に向けて照射します。双方の音波は波動吸収されて、双方の音波の干渉面より下流側へ伝播拡散する騒音を防止します（図5-24）。

2）トンネル天井に設置される吸排換気用のジェットファ

図5-23　防音カバー設置車両

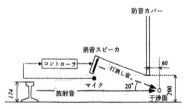

図5-24　放射音・打ち消し原理

ンは、道路トンネルの主要な騒音源の1つです。東京都西多摩建設事務所管轄の五日市トンネルで、換気用のトンネルジェットファンから放出される騒音を、ANC装置を使って騒音低減の実験を試みました（図5-25）。大型かつ高速気流の送出される道路トンネル換気用ジェットファン（風速30m/sec騒音レベル95dB）の排気口正面3mの位置に設置された風雑音防止マイクロホンで14dB（図5-26）、トンネル坑口外側前方100mの地点で6dBの騒音の低減効果があり

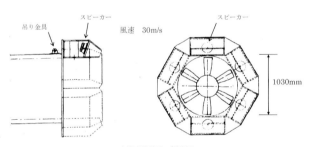

ＡＮＣ実機実験装置の概略図

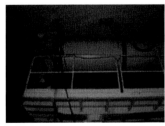

実機実験機全景

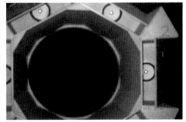

実機実験機ＡＮＣ装置

図5-25　トンネルジェットファンANC実験

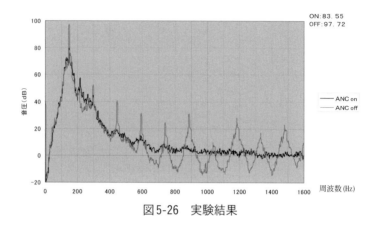
図5-26　実験結果

ました。

ところで、風速30 m/sec の高速気流中の音はどのよう
にして検出すればいいのでしょうか。高速気流中で
あっても風による自己発生音を発生させずに音を検出
できる風雑音防止マイクロホン装置が必要となりま
す。風雑音防止マイクロホンは、気流の流れと音の伝
播は物理的にまったく異なる性質をもつという点に着
目します。騒音を含む高速気流の流れに対して垂直に
筒を設けて、高速気流側に小さな開口を、高速気流の
ない反対側に十分大きな開口を設けます。筒の中心軸
上の小さな開口の位置を第1の焦点、大きな開口の位
置を第2の焦点とする楕円面の筒となるように内側を
くり抜き、第2の焦点にマイクロホンを設置します

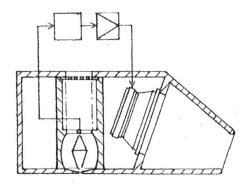

図5-27 風雑音防止マイクロホンを用いた
消音スピーカ

(図5-27)。マイクロホン近傍を通過する気流の流速
は、小さな開口に対する大きな開口の比に反比例して
十分に小さくできるので、高速気流内に含まれる騒音
を風雑音の生じない良質な信号として確実に取り込む
ことができます。

3）空中を伝播する騒音を、空中で遮ります。都市近郊の
ヘリポートで騒音源に大出力スピーカ音を使って実験
しました。通過する騒音に対して「騒音を打ち消す
音」をスポット消音スピーカからビーム状に出して、
騒音と重ね合わせて直進伝播する騒音をカットします
(図5-28)。空中へ放射された騒音とこの騒音を打ち消
す逆位相音が騒音の進行方向に重ね合わされる面、つ
まり双方の音波の干渉面が遮音エアカーテンとなって

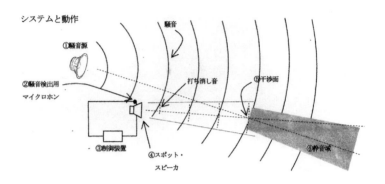

システムと動作

①騒音源

②騒音検出用
マイクロホン

③制御装置

④スポット・
スピーカ

騒音

打ち消し音

⑤干渉面

⑥静音域

実験装置全景

ANC スピーカー2 台、間隔 2.0m、高さ 2.1m、騒音と ANC 逆位相音の干渉面は、5m。

図 5-28　遮音エアカーテン

騒音の通過を阻止します。ちょうど日除けカーテンの裏側に影ができるように、遮音エアカーテンの裏側に騒音の抜け落ちた静音域をつくります。この騒音のカットされた静音域からは騒音源を見通すことができます。音は光と同様に直進性があるので騒音の抜け落ちたエリアは遠方までつづきます。遠方までつづく静音域とその外側の騒音がそのまま直進するエリアとの境界は、目には見えない音響的な仕切りを空中に設けたときと同様の働きをします。

スポット消音スピーカは、筒状フードの内側が音を反射しない面となっていて、直進性のあるビーム音を放射するスピーカです（図5-29(a)）。拡散防止用の筒状フードの内壁面に楕円反射板を用いた消音装置が取り付けられていて、無反射フードとなっています（図5-29(b)）。正面方向へ直進伝播する音以外の音の放出はありません。正面方向へは強い指向性をもって一次元的に伝播する打ち消し音だけを放出します。

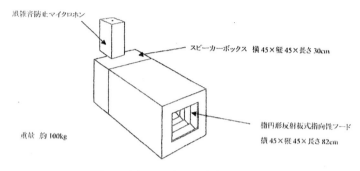

図5-29(a)　スポット消音スピーカ

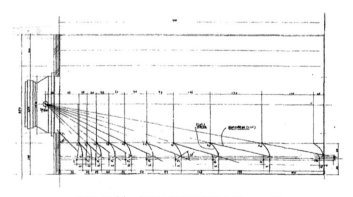

図5-29(b)　楕円反射板式指向性フード

光

6 光の二面性

【光電子放出は円運動電子の軌道ひずみと脱出速度との関係】

───────────────────

　従来から、光は真空中も伝播する波動で、これは電場と磁場の相互作用によるものである（図6-1）と考えられてきました。そして、光電効果で見られる現象をうまく説明する必要があることから、光は粒子でもあると考えられています。光の波動性と光の粒子性は、それぞれ異なる性状を基に説明しなければならないため、光を波動としてあるいは粒子として筋道を立てて同時に説明できないので、科学的に完全な説明ができないことになります。

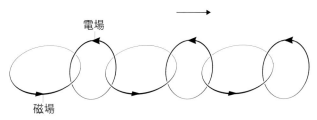

図6-1　電場と磁場の相互作用

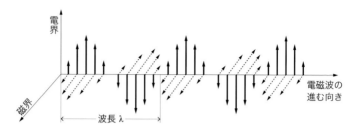

図6-2　電磁波の電場と磁場の方向

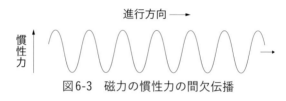

図6-3　磁力の慣性力の間欠伝播

　光の二面性について、光の波動性は、光は磁力を媒体要素とする波であり（図6-2）、光の粒子性は、磁力による波動の伝播慣性力が間欠的に伝わる運動である（図6-3）とすると、双方ともに波動としての一貫した説明が可能となります。

6.1 光の波動性と粒子性

「光は波動であり、粒子でもある」とする説が一般的に認知されるようになってからはかなりの年月が経過しています。光の回折と干渉の現象は、光は波動であると考えなければな

りません。一方で、物体が光を放出したり吸収したりすると
き、光のエネルギーは連続的に出し入れされるのではなく、
とびとびのエネルギーとして不連続に出し入れするとされて
います。このふるまいは、光の粒子性を示すものですから、
光は波動性と粒子性の二面性があることにもなります。ある
ときは光の回折と干渉は波動として、またあるときは光の放
出や吸収は粒子として、それぞれ適宜に扱うとすればうまく
説明がつきます。しかし、このような光の波動性と粒子性と
いった異なる2つの現象を、統一された理論によって矛盾す
るところなく説明するのは難しいことです。

6.2 磁力の波の発生

質量のある物質は原子で成り立ち、原子は原子核と電子で
構成され、原子核の周りを電子がまわります。原子核の質量
は電子の質量に対してはるかに大きく、原子核はプラス、電
子はマイナスの電荷をもつので、電子は原子核から電気的な
引力をうけて円運動の向心力として働きます（図6-4）。原子
核の周りをまわる電子の運動を円運動とするとき、これは閉
じた導体ループに電流が流れた状態と等価といえます。導体
に電流が流れると導体から電磁誘導による磁力が放出され
て、導体をとりまくように同心円状の磁界ができます（図
6-5）。

図6-4　電子の円運動

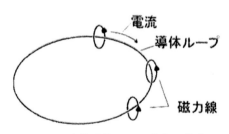

図6-5　電磁誘導による磁力の放出

　電子の円運動により放出される磁力は、電子の回転周期に同期して正弦波状に強弱変動し、かつ進行の方向性や直進性などの波の伝播の性質をもっています。波の伝播は、一般的に波動運動を伝播するための媒体物質を必要とします。波動を伝播する媒体物質の基本的な運動は、等速円運動で、周期運動の位相がつぎつぎに遅れて伝播していくとともに、運動の方向性と慣性力をもっています（図6-6）。

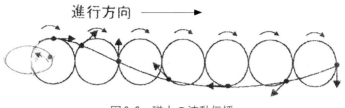

図6-6　磁力の波動伝播

6.3　円運動の加速度と波動の慣性力

　正弦波状に伝播する磁力の波の発生源となる電子の等速円運動は、円周上の各点に回転方向へ向けた運動の速さと向きをベクトルで表すことができます。この等速円運動は速さが一定でありながら周期運動の中心に向かう加速度が生ずる運動となります（図6-7）。

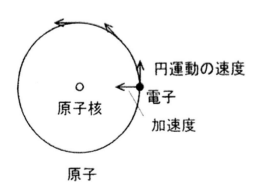

図6-7　等速円運動の加速度

いま、等速円運動をする電子は、静止する一定の平面上を
まわっているものとします。このとき放出される磁力は、電
子の円運動の中心をとおり、電子が回転する面に対して垂直
な面上を正弦波状に伝播します。等速円運動でまわる電子に
よって生ずる加速度成分（図6-8(a)）は、反作用によって、
放出される磁力の波の伝播円運動の慣性力（図6-8(b)）とし
て反映されます。電子の等速円運動の加速度成分と放射され
る磁力の波の慣性力は、それぞれ前者は向心力として、後者
は遠心力としての回転系で働く見かけの力です。また、等速
円運動の加速度成分と波動の慣性力は、それぞれ同じ次元の
慣性系にあって、運動のパターンは相対的であり、それぞれ
の力の大きさは等価で、力の向きは互いに正反対になりま
す。

(a)　電子の円運動と向心加速度

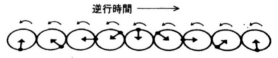

(b)　磁力の波動伝播と慣性力

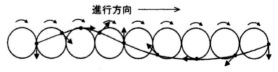

図6-8　電子の加速度と磁力の慣性力

6.4 波動の粒子性

　波動の慣性力の伝播性状は、波動の進行方向へ加速と減速を交互にくり返す刻み送り状の運動となって現れます。ここでいう加速は、波動の伝播速度と慣性力の回転運動によって生ずる波動の進行方向の速度成分を加え合わせた速度であり、増加する速度の変化分に相当します。減速は、同様に、進行波の伝播速度から慣性力の回転運動によって生ずる後退方向の速度成分を減じた速度であり、減少する速度の変化分に相当します。磁力の波の慣性力により、連続的にくり返される加速と減速の断続的な刻み送り運動は、磁力の波による波動の粒子性を示すものです（図6-9）。したがって、波動の示す粒子性は、波動伝播のエネルギーがとびとびの不連続で伝わる慣性力によるものと結論づけることができます。そして、このとびとびの慣性力こそが、磁力の波、すなわち光を伝える媒体要素としての粒子的なふるまいをするものとなり

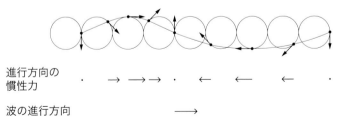

図6-9　慣性力の刻み送り

ます。

　また、方向性と慣性力をもった磁力の伝播運動は、媒体物質の運動が位相遅れをもって伝播する一般的な波動の伝播運動と本質的に同じ性状を有します。

6.5　波動の独立性

　慣性力のある波動の伝播は、他の慣性系の波との交錯で外部からの乱れが加えられたとしても影響は受けません。空中を伝播して拡散する音の波も水面の波の場合と同様に、波動の慣性力として共通の性質があります（図3-3参照）。磁力による波動の慣性力エネルギーの伝播についても同様で、真空中であっても直進性のある波動の慣性力として伝播し、独立性をもって無限遠にまで達します。

6.6　磁力の波面の不定性

　原子核を中心として円運動をする電子は、無数の特定されない軌道上を運動することから、円運動の回転面の向きは一定不変ではなく刻々と変動します。そして、電子の円運動によって放出される磁力は、電子の回転面に対して垂直な面上を波動となって伝播します。これは、磁力が三次元空間に放出されるとき、慣性力の働く波面の振動の方向は、絶え間な

く変動するということでもあります（図6-10）。したがって、電子の円運動によって放出される磁力は、逆位相関係となる波を特定することは困難であって、干渉による波動吸収を実証することはなかなか難しいこととなります。

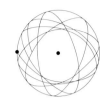

図6-10　電子の円運動の回転面

6.7　光電子放出

　金属原子の外殻を回るエネルギー順位の高い電子は、金属の内部を自由に動き回ることができますが、通常の状態では金属の表面から外にとび出すことはできません。しかし、金属の種類によっては、光が当たると電子の運動が激しくなって、金属の表面から外部空間へ電子を放出します（図6-11）。

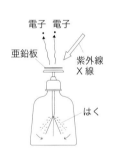

図6-11　光電子放出

6.7.1　軌道のひずみ

　原子核を中心として回る電子の円形ループが力学的な弾性体であるとしたとき、光の慣性力を外側から受けると、力を受けた側の円形の一部にひずみを生じます。照射される光の

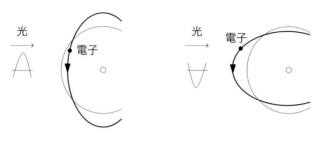

図6-12　振動ひずみ

電磁極性の向きは刻々と変化するため、ループ上を進む電子の向きに対応して、円形ループに発生するひずみは凹凸の振動ひずみとなります（図6-12）。また、照射される光の強さがたとえ微弱であっても、光の周波数に同期してくり返し力が加えられることから、凹凸の振動ひずみは共振して大きくふくらみます。こうして、円形ループに凹凸の振動ひずみが生じた区間では、原子核と電子との公転軌道の間隔は、微小ではあっても光の波動の周期に同期して伸びたり縮んだり変動します。このときの電子の円運動は、太陽を中心として円運動をする惑星の関係と同一であり、ケプラーの第二法則[1]（図6-13）、すなわち、面積速度一定の法則の適用が可能となります。

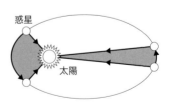

図6-13　ケプラーの第二法則

[1] Johannes Kepler (1571-1630)

6.7.2 電子放出

　凹凸の振動ひずみの加えられた電子の円運動は、その区間の面積速度を一定に保つために、この区間の電子の速度は適宜に加速または減速されなければなりません。したがって、ひずみが中心の方向へ向けて湾曲してへこむ区間の電子の速度は加速され、ひずみが中心から外へ向けて弓形にふくらむ区間の電子の速度は減速されます。ひずみが湾曲して内側にへこむ区間から外側へふくらむ区間へ移る境界をはさんで、電子の速度は加速状態から減速状態に急激に変換されなければなりません。しかし、電子の速度を急激に加速または減速するとき、その速度変化を妨げようとする慣性力が働くため、瞬時かつ十分な追従性を得ることはできません。加速から減速の境界を通過した直後の電子は、円運動の脱出速度（図6-14）を超えた速度で外側へ弓形にふくらむ軌道へ突入し、軌道から外へとび出て光電子放出となります（図6-15）。ここで放出される電子は、金属原子の外殻をまわる電子の円

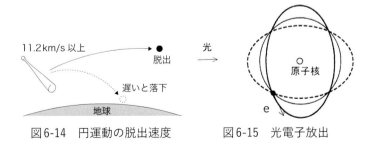

図6-14　円運動の脱出速度　　　図6-15　光電子放出

運動の軌道に、光の波動としての周期的な振動エネルギーが加えられて生ずるものです。そして、回転軌道から放出される直前の電子の周期運動と、照射される光の波動運動という２つの性状は、放出される電子が波動性を示す要因として反映されます。

6.8 光の波の伝播性状

本著は、原子という極微の世界から宇宙という極大の世界まで、物理学上の原理や法則はすべて統一的に適用しました。まとめを以下に示します。

１）光は磁力を媒体とする波動であり、波動の円運動の位相がつぎつぎに遅れて伝播し、光の粒子性は、波動の慣性力が刻み送り状に伝えられる運動である。

２）金属に光が照射されると、金属原子の外殻を回る電子の円運動の軌道に凹凸のひずみが加えられて振動が生ずる。

３）円運動をする電子の速度は、軌道上に生じた凹凸のひずみに対応して加速または減速されなければならないが、慣性力が働くために瞬時かつ正確に追従できない。

４）電子の放出は、軌道のひずみで加速された電子が減速

軌道にもどるとき、一瞬ではあるが円運動の脱出速度
を超えた速度となって、軌道外へとび出す現象であ
る。

5）放射される電子の運動の性質と運動エネルギーは、金
　属原子に照射された光の振動数によって決定される。

6）金属原子が加熱されると激しく振動するが、電子の円
　運動の軌道から電子が放出される仕組みについては、
　光の照射による電子放出と同様と考えられる。

7）光は波動性と粒子性を、また、放出される電子は粒子
　性と波動性を、光と電子はそれぞれが異なる性状の二
　面性を同時にあわせもつ。

引力

7　万有引力の発生
【対向する2つの電子の円運動による相互作用】

　万有引力は、物質と物質の間の相互作用で働く自然界の力であるとして、現象論的には広く説明されてきていますが、その本質についてはいまだに触れられることのないままといえます。万有引力を説明するための一般的な手法としては、太陽と地球の間の相互作用によって発生する引力を用いて、マクロ的な現象論として扱うものが大多数です（図7-1）。また、引力の発生については、物体の質量によって時間と空間

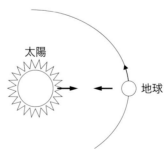

図7-1　万有引力

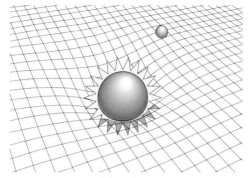

図7-2 重力は空間のゆがみ

が大きくゆがむことが原因で重力が生じているとする理論が提起されています（図7-2）。そして、すでに実験や観測で確認されているともいえます。しかし、一般的に、重力はあまりにも弱すぎてミクロな世界での重力についてうまく説明できないなど、問題は残されたままとなっています。

　本章は、ミクロからマクロの世界までの重力のメカニズムについて、一元的に扱って解明しようとするものです。原子や電子などのミクロな世界の引力についてうまく説明できるようになるならば、現代物理学がかかえる重力の謎に迫ることにもなります。

7.1 原子間の引力

　物質と物質の間に働く引力を一般的に説明するためには、

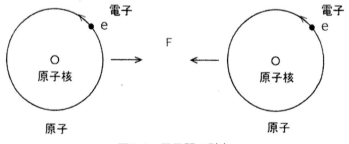

図7-3　原子間の引力

物質は原子によって構成されていることから、原子と原子の間に働く引力について考える必要があります（図7-3）。物質の引力に対して、原子や電子の運動は具体的にどのようにかかわっているのか、微視的にみたときの基本的な作用について、論理的に秩序たてて理論を展開します。

7.1.1　電子の円運動と導体ループ

　原子核の周りをまわる電子の運動を円運動とするとき、これを閉じた導体ループとして扱えます。原子内の電子の円運動は、閉じた導体ループに電流が流れた状態であって、ループの周囲に磁力を放出します（図6-5参照）。逆に、磁力が閉じた導体ループを横切ると、ループ内に電流が流れて、この電流の発生によってループから新たな磁力を放出します（図7-4）。電子の円運動によって構成される原子と原子が向かい合うと、それぞれの原子と原子は磁力を放出し、相手側

磁気
→

磁力

i

図7-4 磁気による電
流と電流によ
る磁力の発生

から放射された磁力の通過を受けたそれぞれの原子の導体
ループは電磁誘導によって電流が発生します。

7.1.2 正弦波状の磁力放出

　原子核を中心として円運動をする電子の運動を真横からみ
ると、ある瞬間に電子が左から右へ動き、つぎの瞬間には右
から左へその向きが反対向きに動いてみえます。その後も交
互に同様の運動をくり返します。電子は直線上を往復運動
し、この運動の軌跡を軸として磁力を放出します。磁力は、
往復運動の軸を2等分する中心から軸と垂直方向へ同心円状
に放射され、位相遅れをともなって次々に伝わっていく波動
運動として、磁力の伝播は無限遠にまで達します（図6-8(b)
参照）。正弦波状に変動する磁力の極性は、電子が往復運動
をする軸上を進む向きが互いに反対方向へ進むたびに逆向き
の極性となります（図7-5）。

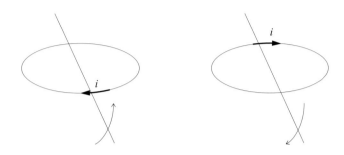

図7-5　正逆変動する磁力の極性

7.1.3　原子間の相互作用

1 ）対向する２つの原子 A_1 と A_2 間の相互作用について説明します。図7-6に示すとおり、原子 A_1 は左側、原子 A_2 は右側にあり、原子 A_1 は原子核 n_1 と電子 e_1 からなり、電子 e_1 の円運動の軌道は導体ループ L_1 を形成します。同様に、原子 A_1 と対向する原子 A_2 は原子核 n_2、電子 e_2、および導体ループ L_2 からなり、原子 A_1 と原子 A_2 を構成する各部はそれぞれ同一の平面上にあるものとします。電子 e_1 の進む向きが導体ループ L_1 上をたとえば反時計方向へ動くとき、電子 e_1 の進行方向と反対向きの時計方向に電流 I_1 が流れます（図7-6(a)）。アンペアの右ねじの法則[1]によれば、流れた電流 I_1 によって発生する磁力の向きは、右ねじを電流の方向にねじ込むときのねじを回転する方向となりま

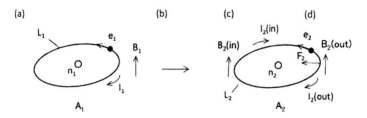

（a）磁力の放出　　（b）磁力の伝播　　（c）電流の発生　（d）力の発生

図7-6　引力の発生

す。したがって、導体ループ L_1 外側周囲に下から上
へ向けた極性の磁束 B_1 が発生します。磁束 B_1 は、電
子 e_1 の円運動に同期して強弱が正弦波状に変動する
運動となって導体ループ L_1 の周囲へ放射されます。

2）放射された磁束 B_1 は、直進伝播して（図7-6（b））、磁
束 $B_{2(in)}$ に達し、導体ループ $L_{2(in)}$ を貫きます。この
磁束 $B_{2(in)}$ の磁力は、原子 A_1 と原子 A_2 間の距離の2
乗に反比例して減衰します。磁束 $B_{2(in)}$ は導体ループ
$L_{2(in)}$ を左側から右へ横切り、磁束 $B_{2(in)}$ のN極からS
極へ向かう磁束の向きは下から上向きです。このとき
の導体ループ $L_{2(in)}$ を流れる電流 $I_{2(in)}$ の向きはフレミ
ングの右手の法則[2]（図7-7）によって時計方向とな
ります（図7-6（c））。誘導電流 $I_{2(in)}$ が流れると、電流
$I_{2(in)}$ が流れる方向へ右ねじを回す向きに磁束 B_L が生
じます。磁束 B_L のN極からS極へ向かう磁束の向き

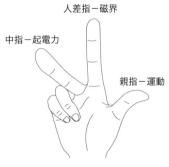

人差指－磁界

中指－起電力

親指－運動

図7-7　フレミングの右手の法則

　　は、導体ループ L_2 に囲まれたループの外側で下から
　　上向き、内側で上から下向きです。

3）磁束 $B_{2(in)}$ が導体ループ $L_{2(in)}$ を横切ったときの導体
　　ループ $L_{2(in)}$ 側と $L_{2(out)}$ 側の電磁誘導による動作につい
　　て説明します。各部の動作は、導体ループ L_2 を電子
　　が一周する時間の大きさを目安とした極めて微小な時
　　間 τ を単位とする時系列での説明です。まず、周期
　　的に強弱変動する磁束 $B_{2(in)}$ が導体ループ $L_{2(in)}$ を横切
　　ると、電流 $I_{2(in)}$ が発生します。これにより、導体ルー
　　プ L_2 を中心とする同心円状の磁束 $B_{L(in)}$ を導体ループ
　　$L_{2(in)}$ の周辺に発生します。磁束 $B_{L(in)}$ の発生から極め
　　て微小な時間 $\tau/2$ 経過後の磁束 $B_{2(in)}$ と電流 $I_{2(in)}$ につ
　　いて説明します（図7-6(d)）。磁束 $B_{2(in)}$ は、導体ルー
　　プ $L_{2(in)}$ を通過したのち直進伝播して導体ループ $L_{2(out)}$

の周辺へ達し、磁束 $B_{2(out)}$ となります。一方で、電流 $I_{2(in)}$ は導体ループ L_2 を流れて導体ループ $L_{2(out)}$ 側へ達し、電流 $I_{2(out)}$ となって磁束 $B_{2(out)}$ を導体ループ $L_{2(out)}$ の周辺に発生します。つまり、導体ループ $L_{2(out)}$ の周辺は、磁束 $B_{2(out)}$ と磁束 $B_{L(out)}$ が同時に重なり合って、双方の磁束の和による場の発生となります。したがって、導体ループ $L_{2(out)}$ の左側では磁束 $B_{2(out)}$ による上向きの磁束と磁束 $B_{L(out)}$ による下向きの磁束が互いに打ち消しあう形となるため、その部分の磁束密度は疎となります。反対に、導体ループ $L_{2(out)}$ の右側では磁束 $B_{2(out)}$ と磁束 $B_{L(out)}$ の磁束が同じ上向きになるので磁束密度は密になります。その結果、導体ループ $L_{2(out)}$ は磁束密度の密の方から疎の方向へ、すなわち磁気エネルギーの高い方から低い方へ向けた力学的な力 F_2 をうけます。この力 F_2 の向きは、導体ループ L_2 を貫通して伝播する磁束 B_2 の進路の向きと逆の左向きで、その方向は原子 A_1 の方向です。

4）直進伝播してきた磁束 $B_{2(out)}$ とループ伝播を介して生じた磁束 $B_{L(out)}$ は、それぞれの伝播ルートに違いがでます。この違いは、双方が互いに干渉し合うときの正弦波の正波形と逆波形の関係、すなわち波動伝播の位相間にタイミングのくるいを生じます。しかし、双方の磁束の振れの大きさはそれぞれ正弦波の曲線上

をなだらかに変化する関係であり、また、導体ループ $L_{2(out)}$ の左右周辺はそれぞれ一定の大きさと広がりを有します。したがって、双方が干渉するタイミングは、一定の範囲内におさまっているとみることができるので、全体としての各部の作用と結果に大きな変わりは生じません。また、このときの対向する2つの原子 A_1 と原子 A_2 は、核の周りを電子がまわる運動が、双方ともに共通の性質を有する関係でなければなりません。

[1] Andre Ampere (1775-1836)　[2] Jhon Fleming (1849-1945)

7.2 原子間の引力と斥力

物質はすべて複数の原子と原子の重ね合わせによって構成されます。また、1つひとつの原子と原子の間には、相互作用により、それぞれが互いに引き寄せ合う機械的な力が作用します。個々の原子内で回転運動をする電子によって放出される磁力は極めて微弱で、原子と原子の間に働く引力も微弱です。その力の大きさは対向する原子間の距離 r の2乗に反比例します。すなわち、原子間の距離 r は双方の原子間に働く引力をうけて限りなく小さくなっていきます。原子と原子の間に働く引力の大きさは限りなく大きくなるという関係になります。

　一方で、原子核を中心に回転する電子の運動は円電流であり、円電流の表裏には NS 極の薄い磁極ができます。電子の回転軸の方向と運動の向きがばらばらの原子と原子は、接近すると互いに磁気的な反発力が働きます。原子と原子の間には引力とその逆の斥力が働き、原子と原子が極端に接近すると斥力の方が大きくなります。したがって、原子間の距離 r は、引力と斥力の相反する力が同時に働いてそれぞれに均衡のとれた一定の距離 r が定まります。

7.3　原子の慣性質量

　原子は、原子核の周りを電子がまわりますが、電子の回転円運動は、原子核を中心とする向心力が作用します。同時に、作用反作用の法則により、原子核は、原子核が電子を引いた電気的な力と等しい力で電子に引かれます。この力が原子核の運動の向心力となって、原子核は電子の回転運動に同期した周期運動をします。電子より質量の大きな原子核の運動は、質量の小さな電子の回転運動と比べると動きはわずかで、小さな円の周期運動となります。電子と原子核の周期運動の中心は、電子と原子核をむすぶ直線上の原子核の重心にごく近い位置となります（図7-8）。電子と原子核の運動の周期は双方ともに同期して等しく、双方の運動の慣性力はそれぞれ等価となります。

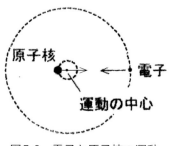

図7-8　電子と原子核の運動

　この電子の運動と原子核の運動を合わせた双方の運動は、原子に外力が加えられたとき、その外力の大きさに抗する大きさの慣性力となって現れます。この慣性力は、外力の大きさに対応して変化する原子の慣性質量となります。また、原子自体が運動している場合には、原子の運動の状態によって原子の慣性質量は決定されます。たとえば、原子が光速に近い速度で運動しているものとすると、この原子の運動に見合う慣性力によって算出される原子の力学的な慣性質量は膨大な値となります。

7.4　極大と極小の世界の引力

　物質は多数の原子の集合体であり、それぞれの原子と原子の間には磁力が働いて、互いに引き寄せ合う力が作用することがわかりました。また、地球の万有引力を考えるとき、地

球を構成するすべての物質による質量の和は地球の中心にあり、地球の中心が地球の重心の位置とされています。物理学上の原理や法則は不変ですから、多数の原子と原子を合わせて構成される物質は、同様に、原子全体の中心が全質量の重心の位置として扱えます。したがって、原子・電子で示した極微の世界での万有引力の発生のメカニズムは、本質的に宇宙という極大の世界であっても統一的に機能するものと考えられます。

　本章の結果によれば、膨大な質量を有することから光さえも脱出できないとされているブラックホールは、磁力を放出しないため、地球との間に相互作用による引力は働きません。では、天体で観測される暗黒の丸い空洞の正体は一体何なのか、ということにもなります。仮に、広大な宇宙空間を光速で地球から遠ざかっていく銀河があるものとします（図7-9）。光速で地球から遠ざかっていく銀河は、光を放出しない空洞として観測されることになります（図7-10）。この空洞をブラックホールの正体とした場合、ブラックホールについての明解な説明が可能となる部分は、少なくはありません。

光速

銀河　　　　　　　　　　　　　　地球

図7-9　地球から光速で遠ざかっていく銀河

図7-10　宇宙空間の広がり

慣性力

8　むすび

【波動は変動するベクトルで表すことのできる慣性力の伝播】

　空中へ拡散する騒音に対して、騒音を打ち消す逆位相の音をスピーカから出して、干渉作用で騒音を打ち消す装置を考えるとき、注意して取りかからなければならない点のあることが分かりました。それは、空中を伝播する音をスピーカ音で打ち消すときの音の伝播運動の仕組みについての基本的な考え方です。音源から放射された音波は、波の進行方向へ直線上を前後に周期的に振動し、位相遅れをともないながら次々に遠方へ直進伝播していきます。一直線上を伝播する波は、回転する円運動を側面から見たときの単振動として扱うことができます。そして、波を構成する1つひとつの質点について観察したとき、等速円運動の円周上に刻々と変化する回転方向を示すベクトルで表すことのできる慣性力が与えられています。したがって、音の波の慣性力の伝播は、刻々と変化する運動エネルギーのベクトルを考慮した伝播として扱わなければなりません。単なる疎密によるスカラーで表され

るエネルギーの伝播ではありません。

　音の伝播エネルギーをベクトルで表すことのできる慣性力の伝播として扱うことで、音の波動の干渉作用で騒音をうまく打ち消すことができました。変動するベクトルで表す慣性力の伝播は音の波動だけでなく、波動として扱うことのできる他の対象物に対しても共通して適応できるものとなるのではないでしょうか。

　音の空気粒子の波動としての振動の慣性力、光の波動伝播による磁気振動の慣性力、質量を有するすべての物質から放出される磁力による磁気振動の慣性力など、それぞれ波動による振動の慣性力の伝播は、いずれの場合も原則的に無限遠にまで達する運動です。これらの物理的に共通の性質のある各種の波動運動によって観測される現象は、次のようにまとめることができます。

「波動は変動するベクトルで表すことのできる慣性力の位相遅れをともなう伝播である」

　ところで、波といえば、日常的に最も一般的に観測できるものとして、水面の波があります。水面の波の伝播媒体はいうまでもなく水分子で、波の実質部分の1つに注目すると、ある中心点のまわりで円運動をしています。円の大きさは波の強さによって異なります。円の運動は、波の進行方向に前

後するだけでなく、上下にも振動しています。水面の波の上
下運動は、波の媒体物質となる水には質量があり、重力によ
る慣性力が働くために生じます。音の伝播の媒体物質となる
空気分子の質量は、水と比べるとわずかで無視できる程度で
す。空気分子の重力による慣性力で生ずる上下の振動は微弱
です。空中を伝播する音波を厳密に見たときの音の空気分子
の運動は、限りなく直線に近い扁平な楕円運動になるといえ
るでしょう。

参考文献

１．福田信之，安河内昴『新しい物理学』共立出版

２．堀込智之『波をつかまえる』連合出版

３．遠藤満，八百板晃，前田奈津子，西垣勉「車上設置型デバイスによる鉄道車輪 / レール系騒音のアクティブ制御」『日本音響学会誌』Vol. 61, No. 12 (2005), 698–707

４．金原寿郎『物理の研究』旺文社

５．山口昌一郎『基礎電磁気学』電気学会

６．末廣一彦，斉藤準，鈴木久男，小野寺彰『物理学Ⅰ・Ⅱ』丸善出版

八百板　晃 (やおいた　あきら)

1936	東京都生まれ。千葉大学卒業
1965	ビーバ㈱設立
1997	東京都環境科学研究所　回折音低減化に係る共同研究
1999	第11回中小企業優秀新技術・新製品賞　優秀賞「ANC遮音壁」
2002	東京工業大学大学院理工学研究科「車上設置型デバイスによる鉄道車輪/レール系騒音のアクティブ制御」科学研究支援員
2003	東京都西多摩建設事務所　五日市トンネル換気用ジェットファンのANC騒音低減の実証実験

音・光・引力の波動慣性

引力や重力の発生メカニズムは何か

2024年7月23日　初版第1刷発行

著　　者	八百板　晃
発 行 者	中田　典昭
発 行 所	東京図書出版
発行発売	株式会社 リフレ出版
	〒112-0001　東京都文京区白山5-4-1-2F
	電話 (03)6772-7906　FAX 0120-41-8080
印　　刷	株式会社 ブレイン

© Akira Yaoita
ISBN978-4-86641-760-8 C3042
Printed in Japan 2024

落丁・乱丁はお取替えいたします。
ご意見、ご感想をお寄せ下さい。